U0187585

效率手册
Efficiency Manual

个人资料 Personal data

Name 姓名：_____

Mobile phone 手机：_____

E-mail 邮箱：_____

Company name 公司名称：_____

Company address 公司地址：_____

新的一年

我在 _____

希望我的 2024 是

_____

_____

凡有所悟，
皆成人生。

2024 年度愿望

从今天起，未来的三百多天，与书籍来一场心灵的约定，悦读、随笔，不见不散!

2024 年度愿望清单

职场·人际

- [ ]
- [ ]
- [ ]
- [ ]
- [ ]
- [ ]

认知·提升

- [ ]
- [ ]
- [ ]
- [ ]
- [ ]
- [ ]

生活・管理

- [ ]
- [ ]
- [ ]
- [ ]
- [ ]
- [ ]

旅游・休闲

- [ ]
- [ ]
- [ ]
- [ ]
- [ ]
- [ ]

2024 甲辰年

1月 JANUARY

一	二	三	四	五	六	日
1 元旦	2 廿一	3 廿二	4 廿三	5 廿四	6 小寒	7 廿六
8 廿七	9 廿八	10 廿九	11 腊月	12 初二	13 初三	14 初四
15 初五	16 初六	17 初七	18 腊八节	19 初九	20 大寒	21 十一
22 十二	23 十三	24 十四	25 十五	26 十六	27 十七	28 十八
29 十九	30 二十	31 廿一				

2月 FEBRUARY

一	二	三	四	五	六	日
			1 廿二	2 廿三	3 廿四	4 立春
5 廿六	6 廿七	7 廿八	8 廿九	9 除夕	10 春节	11 初二
12 初三	13 初四	14 初五	15 初六	16 初七	17 初八	18 初九
19 雨水	20 十一	21 十二	22 十三	23 十四	24 元宵节	25 十六
26 十七	27 十八	28 十九	29 二十			

3月 MARCH

一	二	三	四	五	六	日
				1 廿一	2 廿二	3 廿三
4 廿四	5 惊蛰	6 廿六	7 廿七	8 妇女节	9 廿九	10 二月
11 初二	12 植树节	13 初四	14 初五	15 初六	16 初七	17 初八
18 初九	19 初十	20 春分	21 十二	22 十三	23 十四	24 十五
25 十六	26 十七	27 十八	28 十九	29 二十	30 廿一	31 廿二

4月 APRIL

一	二	三	四	五	六	日
1 廿三	2 廿四	3 廿五	4 清明	5 廿七	6 廿八	7 廿九
8 三十	9 三月	10 初二	11 初三	12 初四	13 初五	14 初六
15 初七	16 初八	17 初九	18 初十	19 谷雨	20 十二	21 十三
22 十四	23 十五	24 十六	25 十七	26 十八	27 十九	28 二十
29 廿一	30 廿二					

5月 MAY

一	二	三	四	五	六	日
		1 劳动节	2 廿四	3 廿五	4 青年节	5 立夏
6 廿八	7 廿九	8 四月	9 初二	10 初三	11 初四	12 母亲节
13 初六	14 初七	15 初八	16 初九	17 初十	18 十一	19 十二
20 小满	21 十四	22 十五	23 十六	24 十七	25 十八	26 十九
27 二十	28 廿一	29 廿二	30 廿三	31 廿四		

6月 JUNE

一	二	三	四	五	六	日
					1 儿童节	2 廿六
3 廿七	4 廿八	5 芒种	6 五月	7 初二	8 初三	9 初四
10 端午节	11 初六	12 初七	13 初八	14 初九	15 初十	16 父亲节
17 十二	18 十三	19 十四	20 十五	21 夏至	22 十七	23 十八
24 十九	25 二十	26 廿一	27 廿二	28 廿三	29 廿四	30 廿五

7月 — JULY

一	二	三	四	五	六	日
1 建党节	2 廿七	3 廿八	4 廿九	5 三十	6 小暑	7 初二
8 初三	9 初四	10 初五	11 初六	12 初七	13 初八	14 初九
15 初十	16 十一	17 十二	18 十三	19 十四	20 十五	21 十六
22 大暑	23 十八	24 十九	25 二十	26 廿一	27 廿二	28 廿三
29 廿四	30 廿五	31 廿六				

8月 — AUGUST

一	二	三	四	五	六	日
			1 建军节	2 廿八	3 廿九	4 七月
5 初二	6 初三	7 立秋	8 初五	9 初六	10 七夕节	11 初八
12 初九	13 初十	14 十一	15 十二	16 十三	17 十四	18 十五
19 十六	20 十七	21 十八	22 处暑	23 二十	24 廿一	25 廿二
26 廿三	27 廿四	28 廿五	29 廿六	30 廿七	31 廿八	

9月 — SEPTEMBER

一	二	三	四	五	六	日
						1 廿九
2 三十	3 八月	4 初二	5 初三	6 初四	7 白露	8 初六
9 初七	10 教师节	11 初九	12 初十	13 十一	14 十二	15 十三
16 十四	17 中秋节	18 十六	19 十七	20 十八	21 十九	22 秋分
23 廿一	24 廿二	25 廿三	26 廿四	27 廿五	28 廿六	29 廿七
30 廿八						

10月 — OCTOBER

一	二	三	四	五	六	日
1 国庆节	2 三十	3 九月	4 初二	5 初三	6 初四
7 初五	8 寒露	9 初七	10 初八	11 重阳节	12 初十	13 十一
14 十二	15 十三	16 十四	17 十五	18 十六	19 十七	20 十八
21 十九	22 二十	23 霜降	24 廿二	25 廿三	26 廿四	27 廿五
28 廿六	29 廿七	30 廿八	31 廿九			

11月 — NOVEMBER

一	二	三	四	五	六	日
				1 十月	2 初二	3 初三
4 初四	5 初五	6 初六	7 立冬	8 初八	9 初九	10 初十
11 十一	12 十二	13 十三	14 十四	15 十五	16 十六	17 十七
18 十八	19 十九	20 二十	21 廿一	22 小雪	23 廿三	24 廿四
25 廿五	26 廿六	27 廿七	28 廿八	29 廿九	30 三十	

12月 — DECEMBER

一	二	三	四	五	六	日
						1 十一月
2 初二	3 初三	4 初四	5 初五	6 大雪	7 初七	8 初八
9 初九	10 初十	11 十一	12 十二	13 十三	14 十四	15 十五
16 十六	17 十七	18 十八	19 十九	20 二十	21 冬至	22 廿二
23 廿三	24 廿四	25 廿五	26 廿六	27 廿七	28 廿八	29 廿九
30 三十	31 腊月					

2025 乙巳年

1月 JANUARY

一	二	三	四	五	六	日
		1 元旦	2 初三	3 初四	4 初五	5 小寒
6 初七	7 腊八节	8 初九	9 初十	10 十一	11 十二	12 十三
13 十四	14 十五	15 十六	16 十七	17 十八	18 十九	19 二十
20 大寒	21 廿二	22 廿三	23 廿四	24 廿五	25 廿六	26 廿七
27 廿八	28 除夕	29 春节	30 初二	31 初三		

2月 FEBRUARY

一	二	三	四	五	六	日
					1 初四	2 初五
3 立春	4 初七	5 初八	6 初九	7 初十	8 十一	9 十二
10 十三	11 十四	12 元宵节	13 十六	14 十七	15 十八	16 十九
17 二十	18 雨水	19 廿二	20 廿三	21 廿四	22 廿五	23 廿六
24 廿七	25 廿八	26 廿九	27 三十	28 二月		

3月 MARCH

一	二	三	四	五	六	日
					1 初二	2 初三
3 初四	4 初五	5 惊蛰	6 初七	7 初八	8 妇女节	9 初十
10 十一	11 十二	12 植树节	13 十四	14 十五	15 十六	16 十七
17 十八	18 十九	19 二十	20 春分	21 廿二	22 廿三	23 廿四
24 廿五	25 廿六	26 廿七	27 廿八	28 廿九	29 三月	30 初二
31 初三						

4月 APRIL

一	二	三	四	五	六	日
	1 初四	2 初五	3 初六	4 清明	5 初八	6 初九
7 初十	8 十一	9 十二	10 十三	11 十四	12 十五	13 十六
14 十七	15 十八	16 十九	17 二十	18 廿一	19 廿二	20 谷雨
21 廿四	22 廿五	23 廿六	24 廿七	25 廿八	26 廿九	27 三十
28 四月	29 初二	30 初三				

5月 MAY

一	二	三	四	五	六	日
			1 劳动节	2 初五	3 初六	4 青年节
5 立夏	6 初九	7 初十	8 十一	9 十二	10 十三	11 母亲节
12 十五	13 十六	14 十七	15 十八	16 十九	17 二十	18 廿一
19 廿二	20 廿三	21 小满	22 廿五	23 廿六	24 廿七	25 廿八
26 廿九	27 五月	28 初二	29 初三	30 初四	31 端午节	

6月 JUNE

一	二	三	四	五	六	日
						1 儿童节
2 初七	3 初八	4 初九	5 芒种	6 十一	7 十二	8 十三
9 十四	10 十五	11 十六	12 十七	13 十八	14 十九	15 父亲节
16 廿一	17 廿二	18 廿三	19 廿四	20 廿五	21 夏至	22 廿七
23 廿八	24 廿九	25 六月	26 初二	27 初三	28 初四	29 初五
30 初六						

7月 JULY

一	二	三	四	五	六	日
						1 建党节	2 初八	3 初九	4 初十	5 十一	6 十二

一	二	三	四	五	六	日
1 建党节	2 初八	3 初九	4 初十	5 十一	6 十二
7 小暑	8 十四	9 十五	10 十六	11 十七	12 十八	13 十九
14 二十	15 廿一	16 廿二	17 廿三	18 廿四	19 廿五	20 廿六
21 廿七	22 大暑	23 廿九	24 三十	25 闰六月	26 初二	27 初三
28 初四	29 初五	30 初六	31 初七			

8月 AUGUST

一	二	三	四	五	六	日
				1 建军节	2 初九	3 初十
4 十一	5 十二	6 十三	7 立秋	8 十五	9 十六	10 十七
11 十八	12 十九	13 二十	14 廿一	15 廿二	16 廿三	17 廿四
18 廿五	19 廿六	20 廿七	21 廿八	22 廿九	23 处暑	24 初二
25 初三	26 初四	27 初五	28 初六	29 七夕节	30 初八	31 初九

9月 SEPTEMBER

一	二	三	四	五	六	日
1 初十	2 十一	3 十二	4 十三	5 十四	6 十五	7 白露
8 十七	9 十八	10 教师节	11 二十	12 廿一	13 廿二	14 廿三
15 廿四	16 廿五	17 廿六	18 廿七	19 廿八	20 廿九	21 三十
22 八月	23 秋分	24 初三	25 初四	26 初五	27 初六	28 初七
29 初八	30 初九					

10月 OCTOBER

一	二	三	四	五	六	日
		1 国庆节	2 十一	3 十二	4 十三	5 十四
6 中秋节	7 十六	8 寒露	9 十八	10 十九	11 二十	12 廿一
13 廿二	14 廿三	15 廿四	16 廿五	17 廿六	18 廿七	19 廿八
20 廿九	21 九月	22 初二	23 霜降	24 初四	25 初五	26 初六
27 初七	28 初八	29 重阳节	30 初十	31 十一		

11月 NOVEMBER

一	二	三	四	五	六	日
					1 十二	2 十三
3 十四	4 十五	5 十六	6 十七	7 立冬	8 十九	9 二十
10 廿一	11 廿二	12 廿三	13 廿四	14 廿五	15 廿六	16 廿七
17 廿八	18 廿九	19 三十	20 十月	21 初二	22 小雪	23 初四
24 初五	25 初六	26 初七	27 初八	28 初九	29 初十	30 十一

12月 DECEMBER

一	二	三	四	五	六	日
1 十二	2 十三	3 十四	4 十五	5 十六	6 十七	7 大雪
8 十九	9 二十	10 廿一	11 廿二	12 廿三	13 廿四	14 廿五
15 廿六	16 廿七	17 廿八	18 廿九	19 三十	20 十一月	21 冬至
22 初三	23 初四	24 初五	25 初六	26 初七	27 初八	28 初九
29 初十	30 十一	31 十二				

2024 年度计划表

一月	JANUARY	二月	FEBRUARY	三月	MARCH
1	元旦	1	廿二	1	廿一
2	廿一	2	廿三	2	廿二
3	廿二	3	廿四	3	廿三
4	廿三	4	立春	4	廿四
5	廿四	5	廿六	5	惊蛰
6	小寒	6	廿七	6	廿六
7	廿六	7	廿八	7	廿七
8	廿七	8	廿九	8	妇女节
9	廿八	9	除夕	9	廿九
10	廿九	10	春节	10	二月
11	腊月	11	初二	11	初二
12	初二	12	初三	12	植树节
13	初三	13	初四	13	初四
14	初四	14	初五	14	初五
15	初五	15	初六	15	初六
16	初六	16	初七	16	初七
17	初七	17	初八	17	初八
18	腊八节	18	初九	18	初九
19	初九	19	雨水	19	初十
20	大寒	20	十一	20	春分
21	十一	21	十二	21	十二
22	十二	22	十三	22	十三
23	十三	23	十四	23	十四
24	十四	24	元宵节	24	十五
25	十五	25	十六	25	十六
26	十六	26	十七	26	十七
27	十七	27	十八	27	十八
28	十八	28	十九	28	十九
29	十九	29	二十	29	二十
30	二十			30	廿一
31	廿一			31	廿二

Annual schedule

四月	APRIL	五月	MAY	六月	JUNE
1	廿三	1	劳动节	1	儿童节
2	廿四	2	廿四	2	廿六
3	廿五	3	廿五	3	廿七
4	清明	4	青年节	4	廿八
5	廿七	5	立夏	5	芒种
6	廿八	6	廿八	6	五月
7	廿九	7	廿九	7	初二
8	三十	8	四月	8	初三
9	三月	9	初二	9	初四
10	初二	10	初三	10	端午节
11	初三	11	初四	11	初六
12	初四	12	母亲节	12	初七
13	初五	13	初六	13	初八
14	初六	14	初七	14	初九
15	初七	15	初八	15	初十
16	初八	16	初九	16	父亲节
17	初九	17	初十	17	十二
18	初十	18	十一	18	十三
19	谷雨	19	十二	19	十四
20	十二	20	小满	20	十五
21	十三	21	十四	21	夏至
22	十四	22	十五	22	十七
23	十五	23	十六	23	十八
24	十六	24	十七	24	十九
25	十七	25	十八	25	二十
26	十八	26	十九	26	廿一
27	十九	27	二十	27	廿二
28	二十	28	廿一	28	廿三
29	廿一	29	廿二	29	廿四
30	廿二	30	廿三	30	廿五
		31	廿四		

2024 年度计划表

七月	JULY	八月	AUGUST	九月	SEPTEMBER
1	建党节	1	建军节	1	廿九
2	廿七	2	廿八	2	三十
3	廿八	3	廿九	3	八月
4	廿九	4	七月	4	初二
5	三十	5	初二	5	初三
6	小暑	6	初三	6	初四
7	初二	7	立秋	7	白露
8	初三	8	初五	8	初六
9	初四	9	初六	9	初七
10	初五	10	七夕节	10	教师节
11	初六	11	初八	11	初九
12	初七	12	初九	12	初十
13	初八	13	初十	13	十一
14	初九	14	十一	14	十二
15	初十	15	十二	15	十三
16	十一	16	十三	16	十四
17	十二	17	十四	17	中秋节
18	十三	18	十五	18	十六
19	十四	19	十六	19	十七
20	十五	20	十七	20	十八
21	十六	21	十八	21	十九
22	大暑	22	处暑	22	秋分
23	十八	23	二十	23	廿一
24	十九	24	廿一	24	廿二
25	二十	25	廿二	25	廿三
26	廿一	26	廿三	26	廿四
27	廿二	27	廿四	27	廿五
28	廿三	28	廿五	28	廿六
29	廿四	29	廿六	29	廿七
30	廿五	30	廿七	30	廿八
31	廿六	31	廿八		

Annual schedule

十月	OCTOBER	十一月	NOVEMBER	十二月	DECEMBER
1	国庆节	1	十月	1	十一月
2	三十	2	初二	2	初二
3	九月	3	初三	3	初三
4	初二	4	初四	4	初四
5	初三	5	初五	5	初五
6	初四	6	初六	6	大雪
7	初五	7	立冬	7	初七
8	寒露	8	初八	8	初八
9	初七	9	初九	9	初九
10	初八	10	初十	10	初十
11	重阳节	11	十一	11	十一
12	初十	12	十二	12	十二
13	十一	13	十三	13	十三
14	十二	14	十四	14	十四
15	十三	15	十五	15	十五
16	十四	16	十六	16	十六
17	十五	17	十七	17	十七
18	十六	18	十八	18	十八
19	十七	19	十九	19	十九
20	十八	20	二十	20	二十
21	十九	21	廿一	21	冬至
22	二十	22	小雪	22	廿二
23	霜降	23	廿三	23	廿三
24	廿二	24	廿四	24	廿四
25	廿三	25	廿五	25	廿五
26	廿四	26	廿六	26	廿六
27	廿五	27	廿七	27	廿七
28	廿六	28	廿八	28	廿八
29	廿七	29	廿九	29	廿九
30	廿八	30	三十	30	三十
31	廿九			31	腊月

2025 年度计划表

一月	JANUARY	二月	FEBRUARY	三月	MARCH
1	元旦	1	初四	1	初二
2	初三	2	初五	2	初三
3	初四	3	立春	3	初四
4	初五	4	初七	4	初五
5	小寒	5	初八	5	惊蛰
6	初七	6	初九	6	初七
7	腊八节	7	初十	7	初八
8	初九	8	十一	8	妇女节
9	初十	9	十二	9	初十
10	十一	10	十三	10	十一
11	十二	11	十四	11	十二
12	十三	12	元宵节	12	植树节
13	十四	13	十六	13	十四
14	十五	14	十七	14	十五
15	十六	15	十八	15	十六
16	十七	16	十九	16	十七
17	十八	17	二十	17	十八
18	十九	18	雨水	18	十九
19	二十	19	廿二	19	二十
20	大寒	20	廿三	20	春分
21	廿二	21	廿四	21	廿二
22	廿三	22	廿五	22	廿三
23	廿四	23	廿六	23	廿四
24	廿五	24	廿七	24	廿五
25	廿六	25	廿八	25	廿六
26	廿七	26	廿九	26	廿七
27	廿八	27	三十	27	廿八
28	除夕	28	二月	28	廿九
29	春节			29	三月
30	初二			30	初二
31	初三			31	初三

Annual schedule

四月	APRIL	五月	MAY	六月	JUNE
1	初四	1	劳动节	1	儿童节
2	初五	2	初五	2	初七
3	初六	3	初六	3	初八
4	清明	4	青年节	4	初九
5	初八	5	立夏	5	芒种
6	初九	6	初九	6	十一
7	初十	7	初十	7	十二
8	十一	8	十一	8	十三
9	十二	9	十二	9	十四
10	十三	10	十三	10	十五
11	十四	11	母亲节	11	十六
12	十五	12	十五	12	十七
13	十六	13	十六	13	十八
14	十七	14	十七	14	十九
15	十八	15	十八	15	父亲节
16	十九	16	十九	16	廿一
17	二十	17	二十	17	廿二
18	廿一	18	廿一	18	廿三
19	廿二	19	廿二	19	廿四
20	谷雨	20	廿三	20	廿五
21	廿四	21	小满	21	夏至
22	廿五	22	廿五	22	廿七
23	廿六	23	廿六	23	廿八
24	廿七	24	廿七	24	廿九
25	廿八	25	廿八	25	六月
26	廿九	26	廿九	26	初二
27	三十	27	五月	27	初三
28	四月	28	初二	28	初四
29	初二	29	初三	29	初五
30	初三	30	初四	30	初六
		31	端午节		

2025 年度计划表

七月	JULY	八月	AUGUST	九月	SEPTEMBER
1	建党节	1	建军节	1	初十
2	初八	2	初九	2	十一
3	初九	3	初十	3	十二
4	初十	4	十一	4	十三
5	十一	5	十二	5	十四
6	十二	6	十三	6	十五
7	小暑	7	立秋	7	白露
8	十四	8	十五	8	十七
9	十五	9	十六	9	十八
10	十六	10	十七	10	教师节
11	十七	11	十八	11	二十
12	十八	12	十九	12	廿一
13	十九	13	二十	13	廿二
14	二十	14	廿一	14	廿三
15	廿一	15	廿二	15	廿四
16	廿二	16	廿三	16	廿五
17	廿三	17	廿四	17	廿六
18	廿四	18	廿五	18	廿七
19	廿五	19	廿六	19	廿八
20	廿六	20	廿七	20	廿九
21	廿七	21	廿八	21	三十
22	大暑	22	廿九	22	八月
23	廿九	23	处暑	23	秋分
24	三十	24	初二	24	初三
25	闰六月	25	初三	25	初四
26	初二	26	初四	26	初五
27	初三	27	初五	27	初六
28	初四	28	初六	28	初七
29	初五	29	七夕节	29	初八
30	初六	30	初八	30	初九
31	初七	31	初九		

Annual schedule

十月	OCTOBER	十一月	NOVEMBER	十二月	DECEMBER
1	国庆节	1	十二	1	十二
2	十一	2	十三	2	十三
3	十二	3	十四	3	十四
4	十三	4	十五	4	十五
5	十四	5	十六	5	十六
6	中秋节	6	十七	6	十七
7	十六	7	立冬	7	大雪
8	寒露	8	十九	8	十九
9	十八	9	二十	9	二十
10	十九	10	廿一	10	廿一
11	二十	11	廿二	11	廿二
12	廿一	12	廿三	12	廿三
13	廿二	13	廿四	13	廿四
14	廿三	14	廿五	14	廿五
15	廿四	15	廿六	15	廿六
16	廿五	16	廿七	16	廿七
17	廿六	17	廿八	17	廿八
18	廿七	18	廿九	18	廿九
19	廿八	19	三十	19	三十
20	廿九	20	十月	20	十一月
21	九月	21	初二	21	冬至
22	初二	22	小雪	22	初三
23	霜降	23	初四	23	初四
24	初四	24	初五	24	初五
25	初五	25	初六	25	初六
26	初六	26	初七	26	初七
27	初七	27	初八	27	初八
28	初八	28	初九	28	初九
29	重阳节	29	初十	29	初十
30	初十	30	十一	30	十一
31	十一			31	十二

年度记录
记录那些重要的日子

1 月	Jan

2 月	Feb

5 月	May

6 月	Jun

9 月	Sept

10 月	Oct

3月   Mar

4月   Apr

7月   Jul

8月   Aug

11月   Nov

12月   Dec

一月

一月/JANUARY

一	二	三	四	五	六	日
1 元旦	2 廿一	3 廿二	4 廿三	5 廿四	6 小寒	7 廿六
8 廿七	9 廿八	10 廿九	11 腊月	12 初二	13 初三	14 初四
15 初五	16 初六	17 初七	18 腊八节	19 初九	20 大寒	21 十一
22 十二	23 十三	24 十四	25 十五	26 十六	27 十七	28 十八
29 十九	30 二十	31 廿一				

我以为，最美的日子，当是晨起侍花，闲来煮茶，阳光下打盹，细雨中漫步，夜灯下读书，在这清浅时光里，一手烟火一手诗意，任窗外花开花落，云来云往，自是余味无尽，万般惬意。

汪曾祺《慢煮生活》

1月

计划 \ 日期	1	2	3	4	5	6	7	8	9	10	11	12	13

一 MON	二 TUE	三 WED	四 THU
1 元旦	2 廿一	3 廿二	4 廿三
8 廿七	9 廿八	10 廿九	11 腊月
15 初五	16 初六	17 初七	18 腊八节
22 十二	23 十三	24 十四	25 十五
29 十九	30 二十	31 廿一	

January

14	15	16	17	18	19	20	21	22	23	24	25	26	27	28	29	30	31

五 FRI	六 SAT	日 SUN	待办事项 To Do
5 廿四	6 小寒	7 廿六	☐
12 初二	13 初三	14 初四	☐
19 初九	20 大寒	21 十一	☐
26 十六	27 十七	28 十八	☐
			☐

1 星期一
Monday
元旦

2 星期二
Tuesday
廿一

3 星期三
Wednesday
廿二

4 星期四
Thursday
廿三

5

星期五
Friday
廿四

6

星期六
Saturday
小寒

7
星期日
Sunday
廿六

8
星期一
Monday
廿七

9

星期二
Tuesday
廿八

10

星期三
Wednesday
廿九

11 星期四
Thursday
腊月

12 星期五
Friday
初二

13

星期六
Saturday
初三

14

星期日
Sunday
初四

15

星期一
Monday
初五

16

星期二
Tuesday
初六

17

星期三
Wednesday
初七

18

星期四
Thursday
腊八节

19

星期五
Friday
初九

20

星期六
Saturday
大寒

21 星期日
Sunday
十一

22 星期一
Monday
十二

23

星期二
Tuesday
十三

24

星期三
Wednesday
十四

25

星期四
Thursday
十五

26

星期五
Friday
十六

27 星期六
Saturday
十七

28 星期日
Sunday
十八

29

星期一
Monday
十九

30

星期二
Tuesday
二十

31

星期三
Monday
廿一

1
月

本月总结 SUMMARY

二月

二月/FEBRUARY

一	二	三	四	五	六	日
			1 廿二	2 廿三	3 廿四	4 立春
5 廿六	6 廿七	7 廿八	8 廿九	9 除夕	10 春节	11 初二
12 初三	13 初四	14 初五	15 初六	16 初七	17 初八	18 初九
19 雨水	20 十一	21 十二	22 十三	23 十四	24 元宵节	25 十六
26 十七	27 十八	28 十九	29 二十			

只要我还一直读书，我就能够一直理解自己的痛苦，一直与自己的无知、狭隘、偏见、阴暗，见招拆招。

加缪

2月

计划 \ 日期	1	2	3	4	5	6	7	8	9	10	11	12	13

一 MON	二 TUE	三 WED	四 THU
			1 廿二
5 廿六	6 廿七	7 廿八	8 廿九
12 初三	13 初四	14 初五	15 初六
19 雨水	20 十一	21 十二	22 十三
26 十七	27 十八	28 十九	29 二十

February

14	15	16	17	18	19	20	21	22	23	24	25	26	27	28	29		

五 FRI	六 SAT	日 SUN	待办事项 To Do
2 廿三	3 廿四	4 立春	☐
9 除夕	10 春节	11 初二	☐
16 初七	17 初八	18 初九	☐
23 十四	24 元宵节	25 十六	☐
			☐

1 星期四
Thursday
廿二

2 星期五
Friday
廿三

3

星期六
Saturday
廿四

4

星期日
Sunday
立春

5

星期一
Monday
廿六

6

星期二
Tuesday
廿七

7

星期三
Wednesday
廿八

8

星期四
Thursday
廿九

9

星期五
Friday
除夕

10

星期六
Saturday
春节

11 星期日
Sunday
初二

12 星期一
Monday
初三

13 星期二
Tuesday
初四

14 星期三
Wednesday
初五

15

星期四
Thursday
初六

16

星期五
Friday
初七

17 星期六
Saturday
初八

18 星期日
Sunday
初九

19

星期一
Monday
雨水

20

星期二
Tuesday
十一

21

星期三
Wednesday
十二

22

星期四
Thursday
十三

23

星期五
Friday
十四

24

星期六
Saturday
元宵节

25　星期日
Sunday
十六

26　星期一
Monday
十七

27

星期二
Tuesday
十八

28

星期三
Wednesday
十九

29

星期四
Thursday
二十

本月总结 SUMMARY

读书里的内容，记得加上你自己的感悟。

三月

一	二	三	四	五	六	日
				1 廿一	2 廿二	3 廿三
4 廿四	5 惊蛰	6 廿六	7 廿七	8 妇女节	9 廿九	10 二月
11 初二	12 植树节	13 初四	14 初五	15 初六	16 初七	17 初八
18 初九	19 初十	20 春分	21 十二	22 十三	23 十四	24 十五
25 十六	26 十七	27 十八	28 十九	29 二十	30 廿一	31 廿二

　　真正能给你撑腰的，是丰富的知识储备，足够的经济基础，持续的情绪稳定，可控的生活节奏，和那个打不败的自己。以后的日子去多长点本事，多看世界，多走些路，把时间花在正事上，变成自己打心底喜欢的人。

蔡崇达《皮囊》

3月

计划 \ 日期	1	2	3	4	5	6	7	8	9	10	11	12	13

一 MON	二 TUE	三 WED	四 THU
4 廿四	5 惊蛰	6 廿六	7 廿七
11 初二	12 植树节	13 初四	14 初五
18 初九	19 初十	20 春分	21 十二
25 十六	26 十七	27 十八	28 十九

14	15	16	17	18	19	20	21	22	23	24	25	26	27	28	29	30	31

五 FRI	六 SAT	日 SUN	待办事项 To Do
1 廿一	2 廿二	3 廿三	☐
8 妇女节	9 廿九	10 二月	☐
15 初六	16 初七	17 初八	☐
22 十三	23 十四	24 十五	☐
29 二十	30 廿一	31 廿二	☐

1 星期五
Friday
廿一

2 星期六
Saturday
廿二

3 星期日
Sunday
廿三

4 星期一
Monday
廿四

5 星期二
Tuesday
惊蛰

6 星期三
Wednesday
廿六

7

星期四
Thursday
廿七

8

星期五
Friday
妇女节

9

星期六
Saturday
廿九

10

星期日
Sunday
二月

11
星期一
Monday
初二

12
星期二
Tuesday
植树节

13

星期三
Wednesday
初四

14

星期四
Thursday
初五

15 星期五
Friday
初六

16 星期六
Saturday
初七

17 星期日
Sunday
初八

18 星期一
Monday
初九

19
星期二
Tuesday
初十

20
星期三
Wednesday
春分

21

星期四
Thursday
十二

22

星期五
Friday
十三

23 星期六
Saturday
十四

24 星期日
Sunday
十五

25
星期一
Monday
十六

3
月

26
星期二
Tuesday
十七

27 星期三
Wednesday
十八

3
月

28 星期四
Thursday
十九

29 星期五
Friday
二十

3
月

30 星期六
Saturday
廿一

31 星期日
Sunday
廿二

本月总结 SUMMARY

四月

一	二	三	四	五	六	日
1 廿三	2 廿四	3 廿五	4 清明	5 廿七	6 廿八	7 廿九
8 三十	9 三月	10 初二	11 初三	12 初四	13 初五	14 初六
15 初七	16 初八	17 初九	18 初十	19 谷雨	20 十二	21 十三
22 十四	23 十五	24 十六	25 十七	26 十八	27 十九	28 二十
29 廿一	30 廿二					

把时间分给睡眠，分给书籍，分给运动，分给花鸟树木和山河湖海，分给你对这个世界的热爱，而不是将自己浪费在无聊的人和事上，当你开始做时间的主人，你会感受到平淡生活中喷涌而出的平静的力量，至于那些焦虑与不安，自然烟消云散。

邓中华《时间》

4月

计划＼日期	1	2	3	4	5	6	7	8	9	10	11	12	13

一 MON	二 TUE	三 WED	四 THU
1 廿三	2 廿四	3 廿五	4 清明
8 三十	9 三月	10 初二	11 初三
15 初七	16 初八	17 初九	18 初十
22 十四	23 十五	24 十六	25 十七
29 廿一	30 廿二		

April

14	15	16	17	18	19	20	21	22	23	24	25	26	27	28	29	30	

五 FRI	六 SAT	日 SUN	待办事项 To Do
5 廿七	6 廿八	7 廿九	☐
12 初四	13 初五	14 初六	☐
19 谷雨	20 十二	21 十三	☐
26 十八	27 十九	28 二十	☐
			☐

1 星期一
Monday
廿三

2 星期二
Tuesday
廿四

3

星期三
Wednesday
廿五

4
月

4

星期四
Thursday
清明

5 星期五
Friday
廿七

4
月

6 星期六
Saturday
廿八

7 星期日
Sunday
廿九

8 星期一
Monday
三十

9

星期二
Tuesday
三月

10

星期三
Wednesday
初二

----

11 星期四
Thursday
初三

4
月

12 星期五
Friday
初四

13 星期六
Saturday
初五

14 星期日
Sunday
初六

15 星期一
Monday
初七

16 星期二
Tuesday
初八

17 星期三
Wednesday
初九

18 星期四
Thursday
初十

19

星期五
Friday
谷雨

20

星期六
Saturday
十二

----

21 星期日
Sunday
十三

22 星期一
Monday
十四

23

星期二
Tuesday
十五

4
月

24

星期三
Wednesday
十六

25

星期四
Thursday
十七

26

星期五
Friday
十八

27 星期六
Saturday
十九

28 星期日
Sunday
二十

29 星期一
Monday
廿一

4
月

30 星期二
Tuesday
廿二

以书为伴，以梦为马，趁春光一起读书吧。

五月

一	二	三	四	五	六	日
		1 劳动节	2 廿四	3 廿五	4 青年节	5 立夏
6 廿八	7 廿九	8 四月	9 初二	10 初三	11 初四	12 母亲节
13 初六	14 初七	15 初八	16 初九	17 初十	18 十一	19 十二
20 小满	21 十四	22 十五	23 十六	24 十七	25 十八	26 十九
27 二十	28 廿一	29 廿二	30 廿三	31 廿四		

　　读书来自生命中某种神秘的动力，与现实利益无关。而阅读经验如一路灯光，照亮人生黑暗，黑暗尽头是一豆烛火，即读书的起点。

北岛《城门开》

5月

计划　　　日期	1	2	3	4	5	6	7	8	9	10	11	12	13

一 MON	二 TUE	三 WED	四 THU
		1 劳动节	2 廿四
6 廿八	7 廿九	8 四月	9 初二
13 初六	14 初七	15 初八	16 初九
20 小满	21 十四	22 十五	23 十六
27 二十	28 廿一	29 廿二	30 廿三

May

14	15	16	17	18	19	20	21	22	23	24	25	26	27	28	29	30	31

五 FRI	六 SAT	日 SUN	待办事项 To Do
3 廿五	4 青年节	5 立夏	☐
10 初三	11 初四	12 母亲节	☐
17 初十	18 十一	19 十二	☐
24 十七	25 十八	26 十九	☐
31 廿四			☐

1

星期三
Wednesday
劳动节

2

星期四
Thursday
廿四

3 星期五
Friday
廿五

5
月

4 星期六
Saturday
青年节

5 星期日
Sunday
立夏

6 星期一
Monday
廿八

7

星期二
Tuesday
廿九

5
月

8

星期三
Wednesday
四月

9

星期四
Thursday
初二

10

星期五
Friday
初三

11 星期六
Saturday
初四

12 星期日
Sunday
母亲节

13

星期一
Monday
初六

5
月

14

星期二
Tuesday
初七

15

星期三
Wednesday
初八

16

星期四
Thursday
初九

17 星期五
Friday
初十

18 星期六
Saturday
十一

19

星期日
Sunday
十二

20

星期一
Monday
小满

21
星期二
Tuesday
十四

22
星期三
Wednesday
十五

23

星期四
Thursday
十六

24

星期五
Friday
十七

25 星期六
Saturday
十八

26 星期日
Sunday
十九

27

星期一
Monday
二十

28

星期二
Tuesday
廿一

29
星期三
Wednesday
廿二

30
星期四
Thursday
廿三

31

星期五
Friday
廿四

5
月

本月总结 SUMMARY

六月

六月/JUNE

一	二	三	四	五	六	日
					1 儿童节	2 廿六
3 廿七	4 廿八	5 芒种	6 五月	7 初二	8 初三	9 初四
10 端午节	11 初六	12 初七	13 初八	14 初九	15 初十	16 父亲节
17 十二	18 十三	19 十四	20 十五	21 夏至	22 十七	23 十八
24 十九	25 二十	26 廿一	27 廿二	28 廿三	29 廿四	30 廿五

读一百本书，不如把一本喜欢的书读十遍；把一本书读十遍，不如把自己的人生经历反省一遍。阅人不如阅己。

半山《半山文集》

6月

计划 日期	1	2	3	4	5	6	7	8	9	10	11	12	13

一 MON	二 TUE	三 WED	四 THU
3 廿七	4 廿八	5 芒种	6 五月
10 端午节	11 初六	12 初七	13 初八
17 十二	18 十三	19 十四	20 十五
24 十九	25 二十	26 廿一	27 廿二

June

14	15	16	17	18	19	20	21	22	23	24	25	26	27	28	29	30	

五 FRI	六 SAT	日 SUN	待办事项 To Do
			☐
	1 儿童节	2 廿六	
			☐
7 初二	8 初三	9 初四	☐
			☐
14 初九	15 初十	16 父亲节	
			☐
21 夏至	22 十七	23 十八	☐
28 廿三	29 廿四	30 廿五	

1

星 期 六
Saturday
儿童节

6
月

2

星 期 日
Sunday
廿六

3
星期一
Monday
廿七

4
星期二
Tuesday
廿八

5

星期三
Wednesday
芒种

6

星期四
Thursday
五月

7

星期五
Friday
初二

8

星期六
Saturday
初三

9 星期日
Sunday
初四

6
月

10 星期一
Monday
端午节

11

星期二
Tuesday
初六

12

星期三
Wednesday
初七

13 星期四
Thursday
初八

14 星期五
Friday
初九

15 星期六
Saturday
初十

16 星期日
Sunday
父亲节

17 星期一
Monday
十二

18 星期二
Tuesday
十三

19

星期三
Wednesday
十四

20

星期四
Thursday
十五

21
星期五
Friday
夏至

6月

22
星期六
Saturday
十七

23 星期日
Sunday
十八

24 星期一
Monday
十九

25

星期二
Tuesday
二十

26

星期三
Wednesday
廿一

27 星期四
Thursday
廿二

6
月

28 星期五
Friday
廿三

29 星期六
Saturday
廿四

30 星期日
Sunday
廿五

脚步无法丈量的地方，书籍可以。

七月

一	二	三	四	五	六	日
1 建党节	2 廿七	3 廿八	4 廿九	5 三十	6 小暑	7 初二
8 初三	9 初四	10 初五	11 初六	12 初七	13 初八	14 初九
15 初十	16 十一	17 十二	18 十三	19 十四	20 十五	21 十六
22 大暑	23 十八	24 十九	25 二十	26 廿一	27 廿二	28 廿三
29 廿四	30 廿五	31 廿六				

不管工作多么繁忙，生活多么艰辛，读书和听音乐对我来说始终是极大的喜悦。唯独这份喜悦任谁都夺不走。

村上春树

7月

计划 日期	1	2	3	4	5	6	7	8	9	10	11	12	13

一 MON	二 TUE	三 WED	四 THU
1 建党节	2 廿七	3 廿八	4 廿九
8 初三	9 初四	10 初五	11 初六
15 初十	16 十一	17 十二	18 十三
22 大暑	23 十八	24 十九	25 二十
29 廿四	30 廿五	31 廿六	

July

14	15	16	17	18	19	20	21	22	23	24	25	26	27	28	29	30	31

五 FRI	六 SAT	日 SUN	待办事项 To Do
5 三十	6 小暑	7 初二	☐
12 初七	13 初八	14 初九	☐
19 十四	20 十五	21 十六	☐
26 廿一	27 廿二	28 廿三	☐
			☐

1 星期一
Monday
建党节

-----

2 星期二
Tuesday
廿七

7月

3
星期三
Wednesday
廿八

4
星期四
Thursday
廿九

5

星期五
Friday
三十

6

星期六
Saturday
小暑

7
月

7

星期日
Sunday
初二

8

星期一
Monday
初三

9

星期二
Tuesday
初四

7月

10

星期三
Wednesday
初五

11

星期四
Thursday
初六

12

星期五
Friday
初七

13 星期六
Saturday
初八

14 星期日
Sunday
初九

15 星期一
Monday
初十

---

16 星期二
Tuesday
十一

---

17 星期三
Wednesday
十二

18 星期四
Thursday
十三

19

星期五
Friday
十四

20

星期六
Saturday
十五

21 星期日
Sunday
十六

---

22 星期一
Monday
大暑

23
星期二
Tuesday
十八

24
星期三
Wednesday
十九

25 星期四
Thursday
二十

26 星期五
Friday
廿一

27

星期六
Saturday
廿二

28

星期日
Sunday
廿三

29 星期一
Monday
廿四

30 星期二
Tuesday
廿五

31

星期三
Wednesday
廿六

本月总结 SUMMARY

7
月

八月

八月/AUGUST

一	二	三	四	五	六	日
			1 建军节	2 廿八	3 廿九	4 七月
5 初二	6 初三	7 立秋	8 初五	9 初六	10 七夕节	11 初八
12 初九	13 初十	14 十一	15 十二	16 十三	17 十四	18 十五
19 十六	20 十七	21 十八	22 处暑	23 二十	24 廿一	25 廿二
26 廿三	27 廿四	28 廿五	29 廿六	30 廿七	31 廿八	

世界上任何一个书籍都不能给你带来好运，但它们能让你悄悄成为自己。

赫尔曼·黑塞

8月

计划＼日期	1	2	3	4	5	6	7	8	9	10	11	12	13

一 MON	二 TUE	三 WED	四 THU
			1 建军节
5 初二	6 初三	7 立秋	8 初五
12 初九	13 初十	14 十一	15 十二
19 十六	20 十七	21 十八	22 处暑
26 廿三	27 廿四	28 廿五	29 廿六

August

14	15	16	17	18	19	20	21	22	23	24	25	26	27	28	29	30	31

五 FRI	六 SAT	日 SUN	待办事项 To Do
2 廿八	3 廿九	4 七月	☐
9 初六	10 七夕节	11 初八	☐
16 十三	17 十四	18 十五	☐
23 二十	24 廿一	25 廿二	☐
30 廿七	31 廿八		☐

1 星期四
Thursday
建军节

2 星期五
Friday
廿八

8
月

3 星期六
Saturday
廿九

4 星期日
Sunday
七月

5 星期一
Monday
初二

----

6 星期二
Tuesday
初三

8
月

7

星期三
Wednesday
立秋

8

星期四
Thursday
初五

9 星期五
Friday
初六

10 星期六
Saturday
七夕节

8
月

11 星期日
Sunday
初八

12 星期一
Monday
初九

13 星期二
Tuesday
初十

14 星期三
Wednesday
十一

15 星期四
Thursday
十二

16 星期五
Friday
十三

17 星期六
Saturday
十四

18 星期日
Sunday
十五

8
月

19

星期一
Monday
十六

20

星期二
Tuesday
十七

21 星期三
Wednesday
十八

---

22 星期四
Thursday
处暑

23

星期五
Friday
二十

24

星期六
Saturday
廿一

25 星期日
Sunday
廿二

26 星期一
Monday
廿三

8
月

27

星期二
Tuesday
廿四

28

星期三
Wednesday
廿五

29

星期四
Thursday
廿六

30

星期五
Friday
廿七

31

星期六
Saturday
廿八

本月总结 SUMMARY

8
月

九月

一	二	三	四	五	六	日
						1 廿九
2 三十	3 八月	4 初二	5 初三	6 初四	7 白露	8 初六
9 初七	10 教师节	11 初九	12 初十	13 十一	14 十二	15 十三
16 十四	17 中秋节	18 十六	19 十七	20 十八	21 十九	22 秋分
23 廿一	24 廿二	25 廿三	26 廿四	27 廿五	28 廿六	29 廿七
30 廿八						

　　无论是驱赶迷茫，还是对抗平庸，读书都是最简单也最实用的方法。阅读，犹如一场奇妙的旅行，总能带给我们丰富体验。

佚名

9月

计划 \ 日期	1	2	3	4	5	6	7	8	9	10	11	12	13

一 MON	二 TUE	三 WED	四 THU
2 三十	3 八月	4 初二	5 初三
9 初七	10 教师节	11 初九	12 初十
16 十四	17 中秋节	18 十六	19 十七
23 廿一 / 30 廿八	24 廿二	25 廿三	26 廿四

September

14	15	16	17	18	19	20	21	22	23	24	25	26	27	28	29	30	

五 FRI	六 SAT	日 SUN	待办事项 To Do
		1 廿九	☐
6 初四	7 白露	8 初六	☐
13 十一	14 十二	15 十三	☐
20 十八	21 十九	22 秋分	☐
27 廿五	28 廿六	29 廿七	☐

1
星期日
Sunday
廿九

2
星期一
Monday
三十

3

星期二
Tuesday
八月

4

星期三
Wednesday
初二

5 星期四
Thursday
初三

6 星期五
Friday
初四

9月

7
星期六
Saturday
白露

8
星期日
Sunday
初六

9
月

9

星期一
Monday
初七

10

星期二
Tuesday
教师节

9
月

11 星期三
Wednesday
初九

12 星期四
Thursday
初十

13 星期五
Friday
十一

---

14 星期六
Saturday
十二

15 星期日
Sunday
十三

16 星期一
Monday
十四

17 星期二
Tuesday
中秋节

18 星期三
Wednesday
十六

19

星期四
Thursday
十七

20

星期五
Friday
十八

21 星期六
Saturday
十九

---

22 星期日
Sunday
秋分

23

星期一
Monday
廿一

24

星期二
Tuesday
廿二

25 星期三
Wednesday
廿三

26 星期四
Thursday
廿四

27 星期五
Friday
廿五

28 星期六
Saturday
廿六

29

星期日
Sunday
廿七

30

星期一
Monday
廿八

阅读，无论身处何处，心灵总有归宿。

十月

十月/OCTOBER

一	二	三	四	五	六	日
	1 国庆节	2 三十	3 九月	4 初二	5 初三	6 初四
7 初五	8 寒露	9 初七	10 初八	11 重阳节	12 初十	13 十一
14 十二	15 十三	16 十四	17 十五	18 十六	19 十七	20 十八
21 十九	22 二十	23 霜降	24 廿二	25 廿三	26 廿四	27 廿五
28 廿六	29 廿七	30 廿八	31 廿九			

阅读也算是一种移情，把内心纷乱的情感放在字里行间去思考、共鸣、梳理、抚平，等它们流回来的时候，归于平静和有序。

半山《半山文集》

10月

计划＼日期	1	2	3	4	5	6	7	8	9	10	11	12	13

一 MON	二 TUE	三 WED	四 THU
	1 国庆节	2 三十	3 九月
7 初五	8 寒露	9 初七	10 初八
14 十二	15 十三	16 十四	17 十五
21 十九	22 二十	23 霜降	24 廿二
28 廿六	29 廿七	30 廿八	31 廿九

October

14	15	16	17	18	19	20	21	22	23	24	25	26	27	28	29	30	31

五 FRI	六 SAT	日 SUN	待办事项 To Do
4 初二	5 初三	6 初四	☐
11 重阳节	12 初十	13 十一	☐
18 十六	19 十七	20 十八	☐
25 廿三	26 廿四	27 廿五	☐
			☐

1

星期二
Tuesday
国庆节

- -

- -

- -

- -

- -

2

星期三
Wednesday
三十

- -

- -

- -

- -

- -

10
月

3 星期四
Thursday
九月

4 星期五
Friday
初二

5 星期六
Saturday
初三

6 星期日
Sunday
初四

7 星期一
Monday
初五

8 星期二
Tuesday
寒露

10
月

9 星期三
Wednesday
初七

10 星期四
Thursday
初八

10
月

11

星期五
Friday
重阳节

12

星期六
Saturday
初十

13 星期日
Sunday
十一

14 星期一
Monday
十二

15
星期二
Tuesday
十三

16
星期三
Wednesday
十四

10
月

17 星期四
Thursday
十五

----

18 星期五
Friday
十六

----

19 星期六
Saturday
十七

20 星期日
Sunday
十八

21 星期一
Monday
十九

22 星期二
Tuesday
二十

23

星期三
Wednesday
霜降

24

星期四
Thursday
廿二

25 星期五
Friday
廿三

26 星期六
Saturday
廿四

10
月

27 星期日
Sunday
廿五

28 星期一
Monday
廿六

10
月

29

星期二
Tuesday
廿七

30

星期三
Wednesday
廿八

31 星期四
Thursday
廿九

十一月

十一月/NOVEMBER

一	二	三	四	五	六	日
				1 十月	2 初二	3 初三
4 初四	5 初五	6 初六	7 立冬	8 初八	9 初九	10 初十
11 十一	12 十二	13 十三	14 十四	15 十五	16 十六	17 十七
18 十八	19 十九	20 二十	21 廿一	22 小雪	23 廿三	24 廿四
25 廿五	26 廿六	27 廿七	28 廿八	29 廿九	30 三十	

　　读书多了，容颜自然改变，许多时候，自己可能以为许多看过的书籍都成了过眼云烟，不复记忆，其实他们仍是潜在的，在气质里，在谈吐上，在胸襟的无涯，当然也可能显露在生活和文字里。

三毛

11月

计划＼日期	1	2	3	4	5	6	7	8	9	10	11	12	13

一 MON	二 TUE	三 WED	四 THU
4 初四	5 初五	6 初六	7 立冬
11 十一	12 十二	13 十三	14 十四
18 十八	19 十九	20 二十	21 廿一
25 廿五	26 廿六	27 廿七	28 廿八

November

14	15	16	17	18	19	20	21	22	23	24	25	26	27	28	29	30	

五 FRI	六 SAT	日 SUN	待办事项 To Do
1 十月	2 初二	3 初三	☐
8 初八	9 初九	10 初十	☐
15 十五	16 十六	17 十七	☐
22 小雪	23 廿三	24 廿四	☐
29 廿九	30 三十		☐

1 星期五
Friday
十月

2 星期六
Saturday
初二

3
星期日
Sunday
初三

4
星期一
Monday
初四

5 星期二
Tuesday
初五

6 星期三
Wednesday
初六

7 星期四
Thursday
立冬

8 星期五
Friday
初八

9

星期六
Saturday
初九

10

星期日
Sunday
初十

11

星期一
Monday
十一

12

星期二
Tuesday
十二

13 星期三
Wednesday
十三

14 星期四
Thursday
十四

15 星期五
Friday
十五

16 星期六
Saturday
十六

11
月

17 星期日
Sunday
十七

18 星期一
Monday
十八

11
月

19

星期二
Tuesday
十九

20

星期三
Wednesday
二十

21

星期四
Thursday
廿一

22

星期五
Friday
小雪

23
星期六
Saturday
廿三

24
星期日
Sunday
廿四

11
月

25

星期一
Monday
廿五

26

星期二
Tuesday
廿六

27 星期三
Wednesday
廿七

28 星期四
Thursday
廿八

11月

29 星期五
Friday
廿九

---

30 星期六
Saturday
三十

11
月

阅读，让你看到更大的世界。

十二月

一	二	三	四	五	六	日
						1 十一月
2 初二	3 初三	4 初四	5 初五	6 大雪	7 初七	8 初八
9 初九	10 初十	11 十一	12 十二	13 十三	14 十四	15 十五
16 十六	17 十七	18 十八	19 十九	20 二十	21 冬至	22 廿二
23 廿三	24 廿四	25 廿五	26 廿六	27 廿七	28 廿八	29 廿九
30 三十	31 腊月					

人生漫漫，撷取一段宁静如莲的光阴，深居简出，与书眠，与书老。

佚名

12月

计划　日期	1	2	3	4	5	6	7	8	9	10	11	12	13

一 MON	二 TUE	三 WED	四 THU
2 初二	3 初三	4 初四	5 初五
9 初九	10 初十	11 十一	12 十二
16 十六	17 十七	18 十八	19 十九
23 廿三 / 30 三十	24 廿四 / 31 腊月	25 廿五	26 廿六

December

14	15	16	17	18	19	20	21	22	23	24	25	26	27	28	29	30	31

五 FRI	六 SAT	日 SUN	待办事项 To Do
		1 十一月	☐
6 大雪	7 初七	8 初八	☐
13 十三	14 十四	15 十五	☐
20 二十	21 冬至	22 廿二	☐
27 廿七	28 廿八	29 廿九	☐

1 星期日
Sunday
十一月

---

2 星期一
Monday
初二

3

星期二
Tuesday
初三

4

星期三
Wednesday
初四

5 星期四
Thursday
初五

6 星期五
Friday
大雪

7 星期六
Saturday
初七

8 星期日
Sunday
初八

12
月

9 星期一
Monday
初九

10 星期二
Tuesday
初十

11

星期三
Wednesday
十一

12

星期四
Thursday
十二

13 星期五
Friday
十三

14 星期六
Saturday
十四

15 星期日
Sunday
十五

16 星期一
Monday
十六

17
星期二
Tuesday
十七

18
星期三
Wednesday
十八

19

星期四
Thursday
十九

20

星期五
Friday
二十

21 星期六
Saturday
冬至

22 星期日
Sunday
廿二

23

星期一
Monday
廿三

24

星期二
Tuesday
廿四

25

星期三
Wednesday
廿五

26

星期四
Thursday
廿六

12
月

27

星期五
Friday
廿七

28

星期六
Saturday
廿八

29 星期日
Sunday
廿九

30 星期一
Monday
三十

31

星期二
Tuesday
腊月

本月总结 SUMMARY

年度回顾

私人年度书单:

关于收获:

关于缺憾:

关于感悟:

关于期许:

年度总结

四季更替，又是一年回首，感恩所有的遇见。

凡是过往，皆为序章
凡是未来，皆有可期

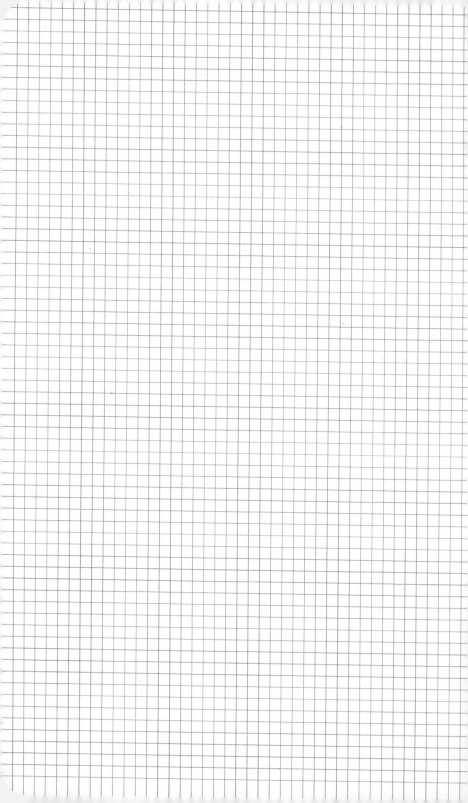

图书在版编目（CIP）数据

效率手册.读书/靳一石编著.—北京：金盾出版社，2023.10
ISBN 978-7-5186-1670-1

Ⅰ.①效…　Ⅱ.①靳…　Ⅲ.①本册　Ⅳ.① TS951.5

中国国家版本馆 CIP 数据核字（2023）第 195850 号

效率手册·读书

靳一石　编著

出版发行：金盾出版社		开　本：880mm×1230mm　1/32		
地　　址：北京市丰台区晓月中路 29 号		印　张：8.5		
邮政编码：100165		字　数：200 千字		
电　　话：（010）68176636　68214039		版　次：2023 年 10 月第 1 版		
传　　真：（010）68276683		印　次：2023 年 10 月第 1 次印刷		
印刷装订：北京鑫益晖印刷有限公司		印　数：3000 册		
经　　销：新华书店		定　价：56.80 元		

在感受，在记录，在珍惜